河南省科学技术协会科普出版资助·科普中原书系

王建忠　牛延秋　文
杨　芳　王　皓　图

海燕出版社
·郑州·

目录

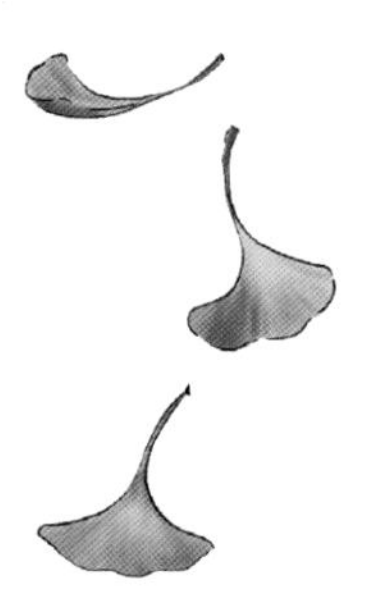

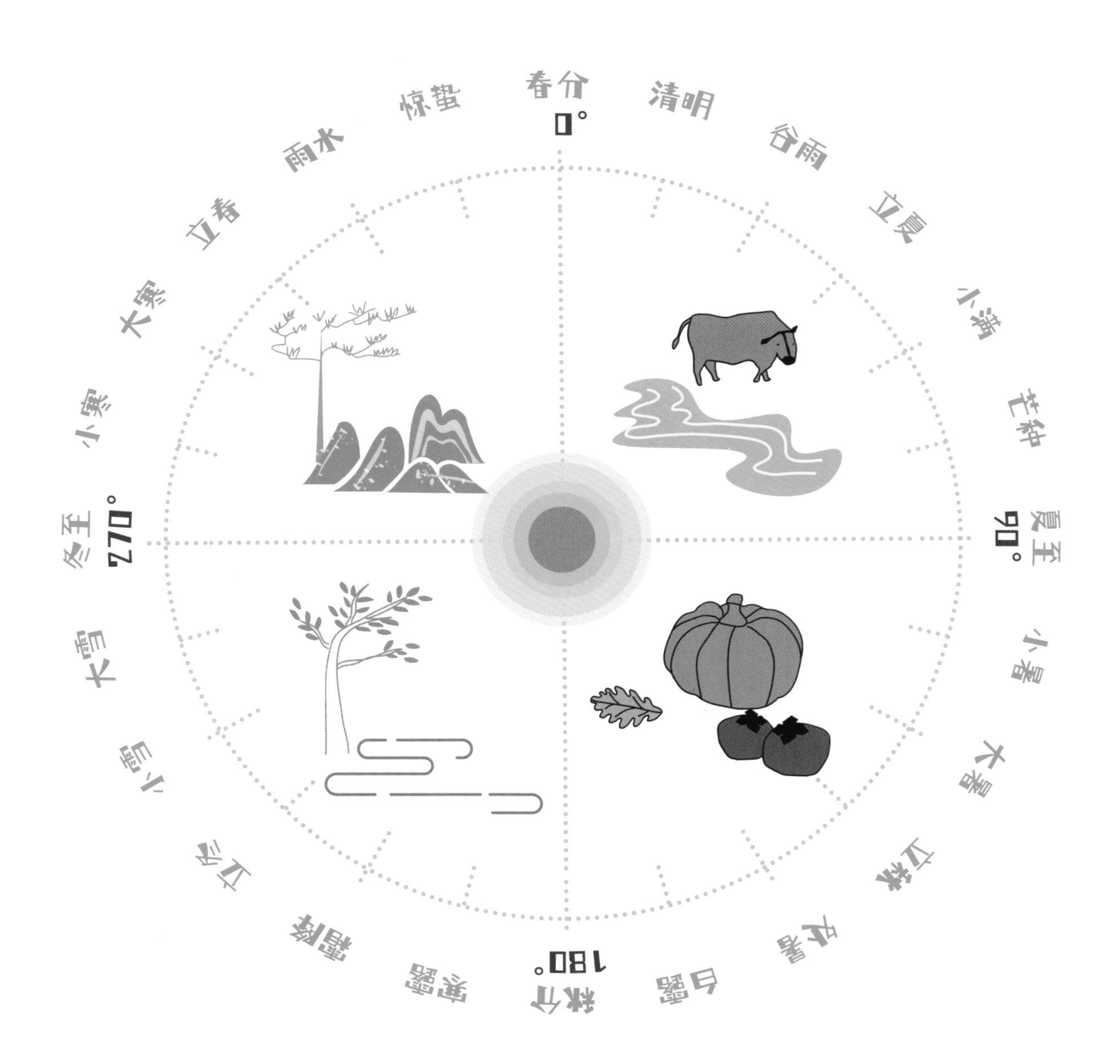
春分
0°
清明
谷雨
立夏
小满
芒种
夏至
90°
小暑
大暑
立秋
处暑
白露
秋分
180°
寒露
霜降
立冬
小雪
大雪
冬至
270°
小寒
大寒
立春
雨水
惊蛰

立春

立春是二十四节气之首，是反映四季变化的节气，时间为每年的 2 月 3 日、4 日或 5 日。

“立，建始也”，开始的意思。“春，蠢也，动而生也”，即万物蠢动，春意盎然，预示着寒冬过去，春天来临。

立春，是一个新的轮回的开始。虽然大地依然春寒料峭，但寒冬已过，大地有了星星点点的绿色。

立春是春天的开始吗？

早在秦代，古人就把立春作为春季的开始。但在气象学上，连续 5 天日平均气温稳定在 10 ℃以上时才算正式进入春季。

立春时节，气温回升，日照、降水也开始增多，人们开始准备春耕。但在此时，我国大部分地区还没有真正迎来春天。这只是春天来临的前奏，离阳光明媚、鸟语花香的美好景象，还有一段时间。

东风解冻

在我国东风主要是指来自太平洋地区的夏季风。东风温暖而湿润，带来的暖湿气流使气温慢慢回升。随着气温回升，北方冬天冰冻的河流、土地开始慢慢解冻。

蛰虫始振

“蛰虫”泛指寒冬时藏匿起来、不活动也不进食的动物；“振”，即“动”。立春时节，北方地面的土壤虽然尚未完全解冻，但沉睡了一冬的“蛰虫”已感受到东风带来的暖意，开始慢慢苏醒。

鱼陟负冰

在东风持续地吹拂下，北方水面上的冰层开始融化，水底的鱼儿感受到春天的召唤，欢快地游到水面上来。此时水面上还有未完全融化的碎冰，看起来像鱼儿背着冰一样。

一候 二候 三候 物候特点

百科 定气法 时间 气候特征

当太阳到达黄经315°时为立春节气

No.1

公历2月3日、4日或5日

气温回升

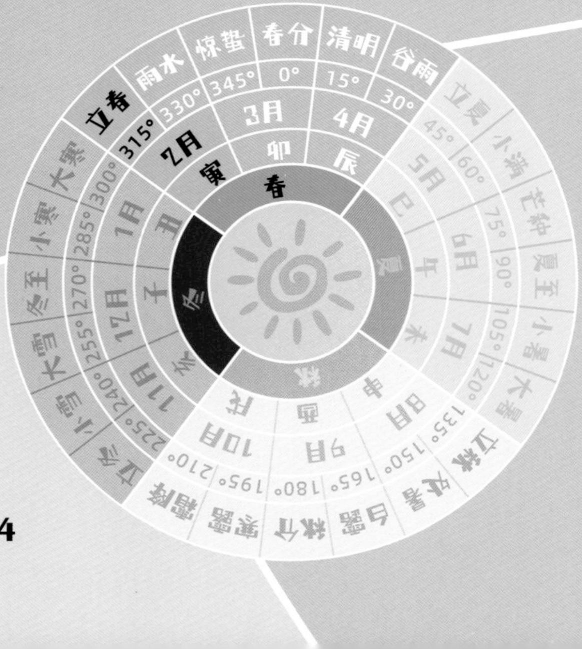

鞭春牛

立春时，村里推选一位老者，用鞭子象征性地打春牛三下，意味着一年农事的开始。春牛通常是用泥做的，鞭春牛意味打走春牛的懒惰，也督促人们赶紧耕种。鞭春牛是劝农耕、祈求丰年的习俗。

吃萝卜

立春之日，民间有吃萝卜的习俗。人们认为吃萝卜可以却春困。在许多地方，吃萝卜又名“咬春”。

立春

民俗

文化习俗

饮食

农事

“立春雨水到，早起晚睡觉。”立春以后，天气渐暖，河水解冻，万物更新，农民开始整理农具，准备春耕。

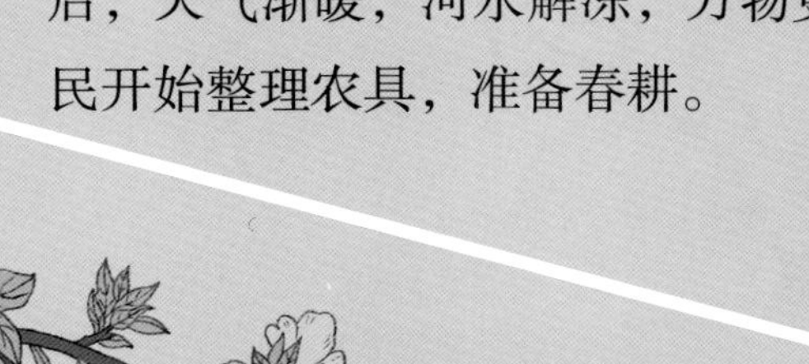

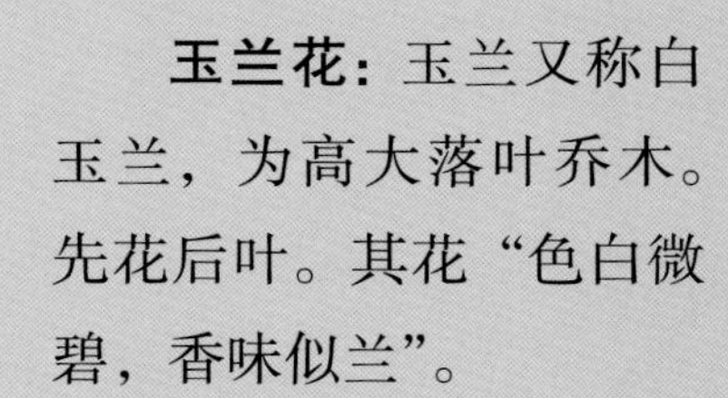

玉兰花：玉兰又称白玉兰，为高大落叶乔木。先花后叶。其花“色白微碧，香味似兰”。

迎春花：迎春为落叶灌木。迎春花是“春之使者”，不惧寒冷，率先绽放。迎春花和梅花、山茶花、水仙花并称“雪中四友”。

樱桃花：樱桃为落叶灌木或小乔木。花蕾红色，开放后花冠白色或略带红色。其花被称为“百果第一花”。

立春偶成

[宋] 张栻

律回[1]岁晚[2]冰霜少，

春到人间草木知。

便觉眼前生意[3]满，

东风吹水绿参差[4]。

注释

①律回：大地回春的意思。律：我国古代审定乐音高低的标准，乐音分为六律和六吕，合称十二律。律属阳气，吕属阴气。后又与历法结合起来，一律为一月。奇数月份为律，偶数月份为吕。立春往往在正月和腊月相交之时，正月为一月，为律，故说律回。

②岁晚：年终。

③生意：生机。

④参差（cēn cī）：形容水面波纹起伏的样子。

译文

立春了，天气渐渐转暖，冰冻霜雪虽然还有，但已很少了。

春天的到来，连草木都知道。

眼前的一派绿色，充满了春天的生机。

东风吹来，春水碧波荡漾。

作者简介

张栻，南宋理学家，世称“南轩先生”。汉州绵竹（今属四川）人。迁于衡阳。与朱熹、吕祖谦齐名，时称“东南三贤”。著有《南轩集》等。

雨水

雨水是反映天气现象的节气，时间为每年的 2 月 18 日、19 日或 20 日。

“好雨知时节，当春乃发生。”漫长的冬天终于结束，大地终于盼来了雨水的滋润。

雨水有两层含义：一是天气回暖，降水量逐渐增多；二是在降水形式上，雪逐渐少，雨开始增多。

雨水之后，我国大部分地区气温逐步回升到 0 ℃以上，降雪减少，降雨增多，这些因素有利于农作物的生长。

雨水节气下雨吗？

雨水当天并不一定下雨，而是说从这个节气开始，天气回暖，下雨的概率大于降雪的概率。

雨水节气前后，农作物生长旺盛，很多越冬作物正处于需要雨水帮助“长身体”的关键时刻。“春雨贵如油”，可见降水对农业生产非常重要。

獭（tǎ）祭（jì）鱼

随着气温回升，冰层加速融化，鱼儿游出水面呼吸，正是水獭捕鱼的好时机。水獭把捕上来的鱼摆放在岸边，好像把鱼当作供品在祭祀一样，故称“獭祭鱼”。

候雁北

“雁”即大雁，属候鸟，繁殖地在我国北方的黑龙江流域和中、蒙、俄交界的达乌尔地区，每当冬季来临，大雁则迁徙至我国长江中下游地区的鄱阳湖、升金湖等地。雨水时节，大雁开始成群迁徙回北方繁殖地。

草木萌动

雨水时节，降水量增加，气温回升，正好满足了植物生长期对水分和温度的需求。于是，大部分植物开始返青、生长或者种子开始萌发，整个大地呈现出一派欣欣向荣的景象。

一候
二候
三候
物候特点
百科
定气法
命名由来
时间
气候特点

当太阳到达黄经330°时为雨水节气

No.2

公历2月18日、19日或20日

冰雪融化、气温回升、降水增多

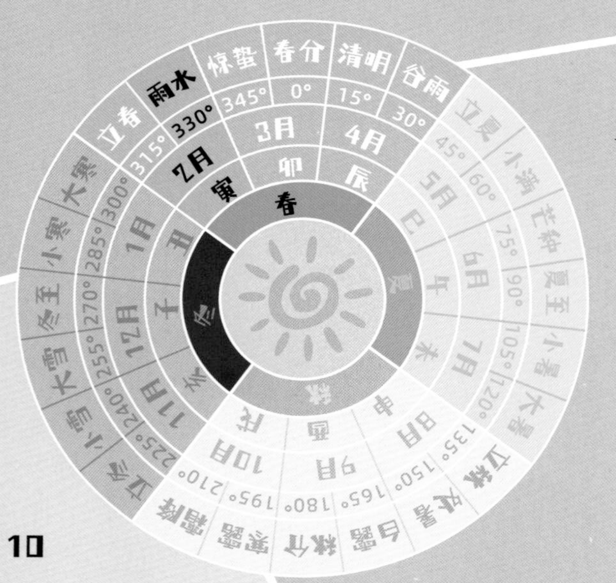

占稻色

华南地区农民在雨水这一天，通过爆炒糯谷米花，来占卜当年稻谷收成的丰歉。爆出来的糯米花越多，则预示收成越好；而爆出来的糯米花越少，则意味着收成不好，米价将贵。

食春芽

春日食春芽。春天，植物都生发出鲜嫩的嫩芽,可以食用的春芽很多，如柳芽、豆芽、蒜苗、韭芽等。

雨水

民俗 文化习俗 饮食 农事 花信

雨水时节，天气乍暖还寒，反复的天气变化对开始返青的农作物等危害较大，此时应注意农作物的防寒防冻工作。

杏花：杏树为落叶乔木。其花花瓣白色或稍带红晕，花先叶开放。花开时节，胭脂万点。杏花被称为“中医之花”，有一定的药用价值。

油菜花：油菜为一年或越年生草本。其花黄色，花开时，花海似锦，令人心旷神怡。

李花：李树为落叶小乔木或灌木。其花花瓣白色，花蕊黄色，素雅清新。

雨水正月中

［唐］元稹

雨 水 洗 春 容 ， 平 田 已 见 龙 。

祭 鱼[①]盈 浦 屿[②]， 归 雁 过[③]山 峰 。

云 色 轻 还 重 ， 风 光 淡 又 浓 。

向 春 入 二 月 ， 花 色 影 重 重 。

注释

①祭鱼：獭祭鱼。水獭把捕获的鱼摆放在岸边，好像用鱼祭祀一样。

②浦屿（pǔ yǔ）：水中小岛。

③过：一作“回”。

译文

在春雨的清洗和滋润中，一望无际的原野上，（似乎）已经看到了龙在飞舞游动。

水獭把捕获的很多鱼摆放在小岛的岸边，好像用鱼祭祀一样。归来的大雁飞过(回)山峰。

天上云的颜色有重有轻，原野上的景色有淡有浓。

时间踏入二月，（春天还只是刚刚开始）花儿的影子（似乎已）一重一重的。

作者简介

元稹，河南府治(今洛阳)人，唐代诗人。元稹与白居易友善，常相唱和，世称“元白”。他们共同倡导新乐府运动，形成“元和体”。在唐诗史上，前有“李杜”，后有“元白”，前后辉映，成为中国诗歌史上的丰碑。

惊蛰

惊蛰是反映物候现象的节气，时间为每年的 3 月 5 日、6 日或 7 日。

“蛰”是藏的意思。惊蛰，指春雷乍动，惊醒了蛰伏在土中冬眠的小动物。

惊蛰节气正是“九九艳阳天”的好日子，我国各地阳光明媚，气温回暖，春雷乍响，麦苗返青。

惊蛰的雷声能唤醒冬眠的虫子吗？

《月令七十二候集解》说：“万物出乎震，震为雷，故曰惊蛰，是蛰虫惊而出走矣。”古人认为，天上的春雷惊醒了蛰伏于地下越冬的小动物。

冬眠的动物被雷声震醒是古人的想象，实际上，大地回春，天气变暖，这才是叫醒小动物“惊而出走”的原因。

惊蛰节气期间气温回升加快，我国大部分地区也从此时进入春耕大忙时节。

桃始华

惊蛰后天气持续回暖，桃树上花苞逐渐长成，故曰“桃始华”。惊蛰之后，桃花竞相绽放，是观赏桃花的好时节。

仓庚（cāng gēng）鸣

“仓庚”即黄鹂鸟。惊蛰时节，春暖花开，黄鹂感受到春天的暖意开始欢快地鸣叫，故曰“仓庚鸣”。

鹰化为鸠（jiū）

惊蛰是很多动物开始繁殖的时节，此时鹰躲起来悄悄繁殖后代，原本蛰伏的斑鸠、布谷鸟等中等体形的鸟类开始鸣叫求偶。这个时候古人没有看到鹰，却看到周围斑鸠多了起来，以为鹰变成了鸠，故曰“鹰化为鸠”。这是古人的误解。

一候 二候 三候 物候特点

百科 定气法 交节时间 气候特点

No.3

当太阳到达黄经345°时为惊蛰节气

公历3月5日、6日或7日

天气回暖、乍寒乍暖

春雷始鸣、雨水渐多

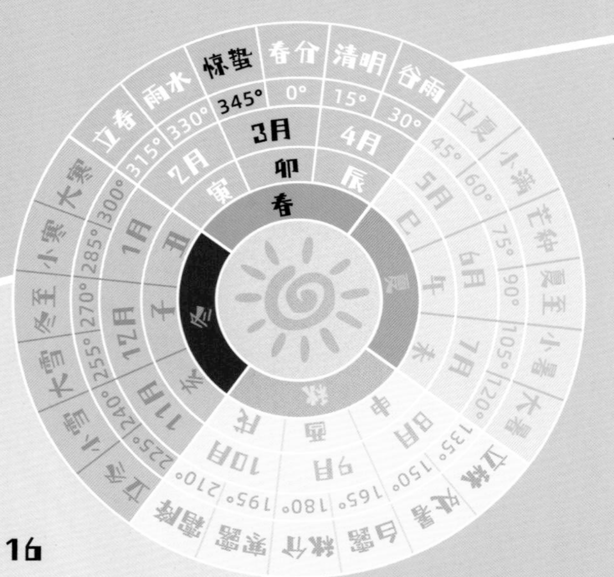

蔷薇花： 蔷薇为攀缘灌木。其花朵单瓣或重瓣，花色丰富，花香浓郁。

竖蛋

春分之时，我国有用“竖蛋”庆祝春天来临的习俗。竖蛋时宜选择光滑匀称、刚下四五天的新鲜鸡蛋。这一习俗流传到很多地方，有“春分到，蛋儿俏”的说法。

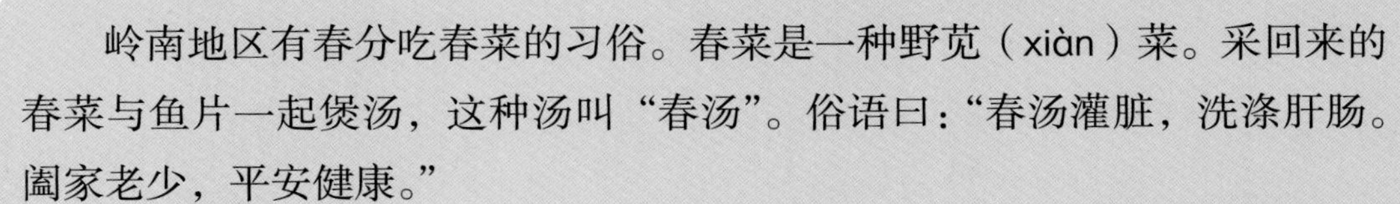

吃春菜

岭南地区有春分吃春菜的习俗。春菜是一种野苋（xiàn）菜。采回来的春菜与鱼片一起煲汤，这种汤叫“春汤”。俗语曰：“春汤灌脏，洗涤肝肠。阖家老少，平安健康。”

春分

文化习俗

民俗

饮食

农事

“一场春雨一场暖，春雨过后忙耕田。”要进入春耕、春种、春管的繁忙阶段了。农谚有：“春分麦起身，一刻值千金。”

梨花：梨树为落叶乔木，枝撑如伞。梨花洁白如雪，幽雅清香。

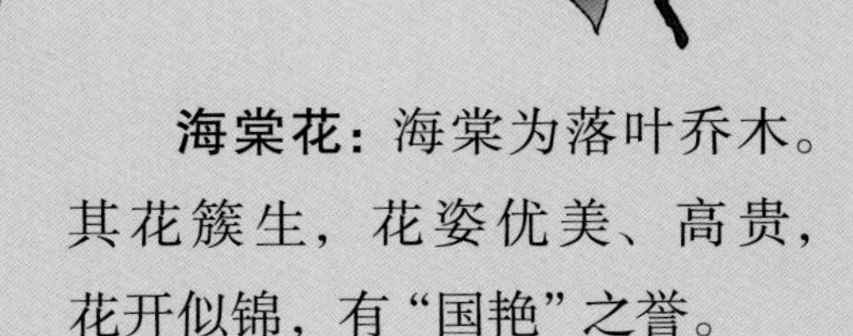

海棠花：海棠为落叶乔木。其花簇生，花姿优美、高贵，花开似锦，有“国艳”之誉。

苏醒

[宋] 徐铉

春分[1]雨脚落声微[2]，

柳岸斜风带客归。

时令北方偏向晚，

可知早有绿腰肥。

扫墓

扫墓祭祖是清明节的主要习俗。有的地方将清明扫墓称为“扫山”“拜清”或“拜山”等。

吃青团

清明时节，江南一带有吃青团的习俗。将浆麦草汁和糯米一起舂合，使青汁和米粉充分融合，然后包上豆沙、枣泥等馅料，用芦叶垫底，放在蒸笼内蒸。蒸熟出笼的青团色泽鲜绿，清香扑鼻。

民俗

文化习俗

饮食

清明

农事

“清明谷雨两相连，浸种耕田莫迟延。”清明时节正是春耕春种的大好时机。但中原地区降水量仍较少，还要做好春灌保墒（shāng）工作。

泡桐花：泡桐为落叶乔木。先花后叶。其花或紫或白，像一个个小喇叭，开满枝丫，恬淡清香。

柳花：柳树为落叶乔木或灌木。其花多为鹅黄色，生于柳叶间，形如稻穗，繁盛时缀满枝条，随风飘舞，如云似烟。

麦花：小麦为一年生或越年草本植物。其花为白色或黄色，细小而微，星星点点，悬挂在翠绿的麦穗上。

清明即事

[唐] 孟浩然

帝里[1]重清明，人心自愁思。

车声上路合，柳色东城翠。

花落草齐生，莺飞蝶双戏。

空堂坐相忆，酌茗[2]聊代醉。

注释

①帝里：京城。

②茗：茶。

译文

京城一年一度的清明节又到来，人们的心里自然涌起了忧愁思念。

马车声在路上混杂地响着，东城的郊外杨柳一片青翠。

落花缤纷，芳草丛生，黄莺翩飞，蝴蝶成双成对地在花间嬉戏。

自己独坐在空空的大堂里回忆往昔，以茶代酒，聊以慰藉。

作者简介

孟浩然，襄州襄阳（今湖北襄阳）人，唐代著名的山水田园派诗人。其诗情怀真率，清淡悠远。诗与王维齐名，并称“王孟”。有《孟浩然集》。

谷雨

谷雨是反映天气现象的节气，时间为每年的 4 月 19 日、20 日或 21 日。

谷雨取自“雨生百谷”之意。谷雨时节，天气温和，降水明显增多，雨水滋润大地，五谷得以快速生长。有谚云：“谷雨前后，种瓜种豆。”

农谚：“清明断雪，谷雨断霜。”意味着此时寒潮天气基本画上了句号。

注释

①红紫：红花与紫花。这里指春天开放的花。

②夏令：夏季。

译文

春天盛开的百花已化作尘土，

在布谷鸟的啼叫声中，夏天来了。

路两边种植的桑麻望不到边，

才知道，我原来是在太平世界。

作者简介

陆游，字务观，号放翁，越州山阴（今浙江绍兴）人。爱国诗人。

陆游一生笔耕不辍，诗、词、文都有很高成就。其诗语言平易晓畅、章法整饬谨严，兼具李白的雄浑豪放与杜甫的沉郁悲凉，尤以饱含爱国热情的诗作影响深远。

小满

小满是反映物候现象的节气，时间为每年的 5 月 20 日、21 日或 22 日。

小满时节，万物将熟未熟，孕育着丰收的希望，寄托着人们对美好生活的期盼。

此时，北方的冬小麦已经接近成熟，农民正抓紧为作物补肥；南方的农民正在种植水稻，农事活动即将进入大忙季节。

小满过后，我国各地气温加速上升，江南一带最高气温可达 35℃以上，北方地区与南方的温差进一步缩小，全国各地逐渐进入夏季。

小满是什么“满”呢？

小满的“满”有两个意思：一是与降水有关。小满节气，南方地区一般降雨多、雨量大，暴雨、狂风、雷电等强对流天气时有发生。小满的“满”就是指雨水之盈。二是与作物生长有关。《月令七十二候集解》中说：“四月中，小满者，物至于此小得盈满。”小满之后，我国北方地区的小麦等作物正处在籽粒将满未满的灌浆期，所以叫“小满”。

苦菜秀

小满时节，正是青黄不接之际，唯有苦菜枝繁叶茂。苦菜为苦荬菜的俗名，又称小苦苣、活血草、苦丁菜等，为菊科植物，生于山地及荒野。食用苦菜在我国有悠久的历史。

靡草死

靡草，按古书记载为荠、葶苈之类枝叶细长的草。因这类杂草为阴性植物，三月开花，四月结籽，到了小满节气阳气渐盛便枯死。

麦秋至

麦秋的“秋”指百谷成熟之时，小满时节，麦子籽粒逐渐饱满，仿佛到了成熟的“秋”，所以叫“麦秋至”，意味着收获的前奏。

一候 二候 三候 物候特点

百科 定气法 时间 气候特点

当太阳到达黄经 60° 时为小满节气

No.8

公历 5 月 20 日、21 日或 22 日

我国各地渐次进入夏季，南北温差进一步缩小，降水进一步增多

祭车神

祭车神是一些农村地区古老的小满习俗。旧时水车车水排灌为家村大事。在相关的传说里“车神”是白龙。在小满时节，人们在水车基上放上鱼肉、香烛等物品祭拜。祭品中会有一杯清水，祭拜时将清水泼入田中，有祝水源涌旺之意。

吃野菜

食野菜是小满的风俗。最常见的野菜是苦菜。“春风吹，苦菜长，荒滩野地是粮仓。”苦菜，苦中带涩，涩中带甜，新鲜爽口，清凉嫩香，营养丰富，含有人体所需的多种维生素。

小满时节降水增多，宜抓紧麦田病虫害的防治，并预防雷雨大风的袭击。

紫珠花：紫珠为落叶灌木。枝叶繁茂。其花花色绚丽，果实鲜艳。果实如一颗颗紫色的珍珠，经久不落。

枣花：枣树为落叶乔木。其花很小，黄绿色。花开之时，香气清冽。

南天竹：为常绿灌木，似竹而非竹。丛生的枝条细长优美。其花小，白色，有淡淡的清香。果实圆润饱满，像串串红玛瑙。

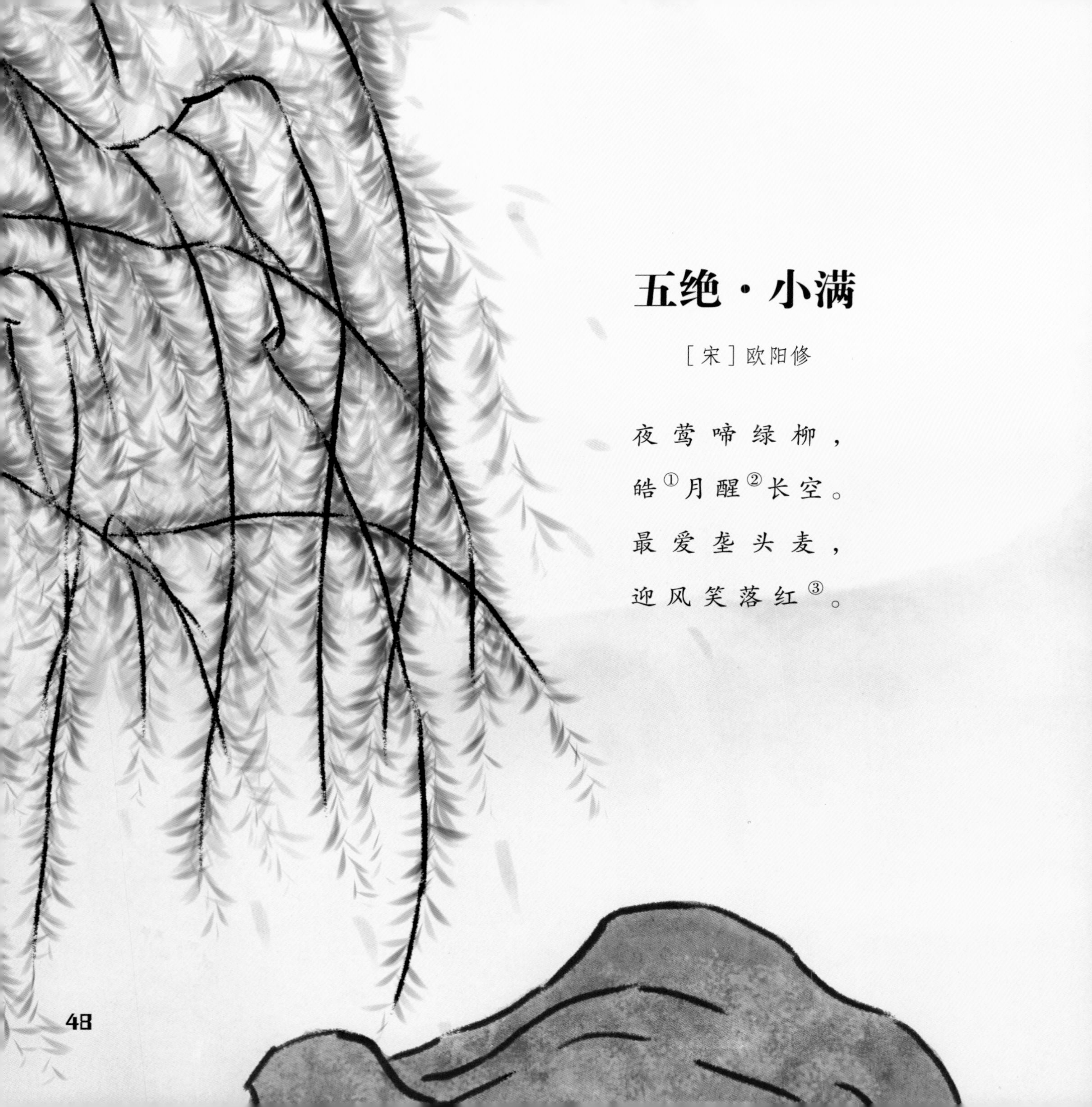

五绝·小满

[宋] 欧阳修

夜莺啼绿柳，

皓[1]月醒[2]长空。

最爱垄头麦，

迎风笑落红[3]。

芒种

民俗

文化习俗

饮食

农事

饯花会

农历二月二花朝节（花神节）上迎花神。有迎花神，就有送花神。芒种一般在农历四五月份，百花开始凋零，民间多在芒种日举行祭祀花神仪式，送花神归位。

煮梅

在南方，每年5～6月正是梅子成熟的季节，此时恰逢芒种时节。新鲜的青梅味道酸涩，不宜入口，煮制能降低青梅的酸涩味道。

芒种是一个耕种忙碌的节气。此时，小麦自南向北开镰收割，棉田需治蚜、喷药。为了保证晚秋作物在霜降前收获，应尽量提前整地、施肥、播种。

合欢花：合欢为落叶乔木。粉红色的合欢花就像一个个毛茸茸的小球，散发出幽幽的清香。

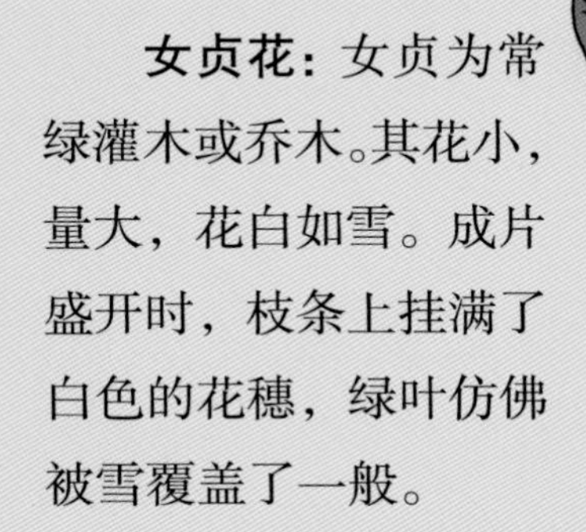

女贞花：女贞为常绿灌木或乔木。其花小，量大，花白如雪。成片盛开时，枝条上挂满了白色的花穗，绿叶仿佛被雪覆盖了一般。

芒种后积雨骤冷三绝（其二）

［宋］范成大

梅黄时节怯衣单，

五月江吴麦秀寒。

香篆[1]吐云生暖热，

从教窗外雨漫漫。

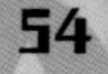

注释

①香篆（zhuàn）：一种专门用来燃点香粉的模具。

译文

梅子黄了的时节，（阴雨连绵）天气变冷，单衣已不能御寒，

五月江南吴地的麦子秀美中透着寒意。

香炉中燃烧的熏香袅袅吐着云雾，带来温暖，

任凭窗外的雨连绵不绝地下着。

作者简介

范成大，苏州吴县（今江苏苏州）人。南宋诗人。范成大素有文名，尤以田园诗著称。诗风平易浅显、清逸淡远。诗与尤袤、杨万里、陆游齐名，称“中兴四大家”，亦作“南宋四大家”。存世有《石湖居士诗集》等。

夏至

夏至是反映四季变化的节气，时间为每年的 6 月 21 日或 22 日。

夏至这一天，太阳几乎直射北回归线，正午时分接近绝对直射状。夏至之后，太阳直射点的位置逐渐南移，北半球的白昼逐渐缩短。夏至标志着夏季的来临。

早在公元前 7 世纪，古人将木杆直立于地面，通过观察杆影移动的规律和影子的长短，确定了夏至的日期。在古代，夏至不仅是一个节气，还是一个重要节日，称为“夏节”，纳入了古代祭神礼典。

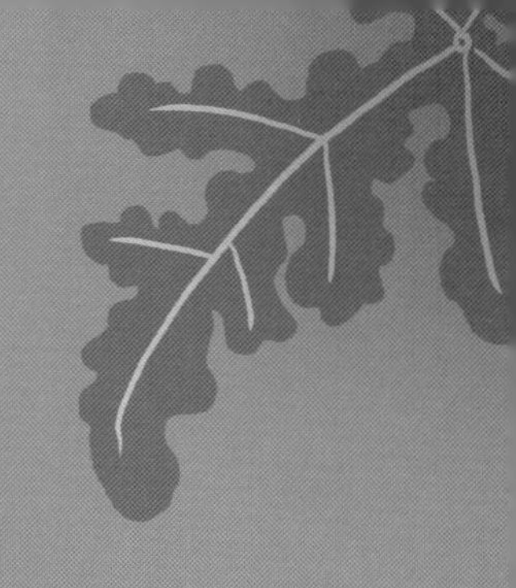

夏至是一年中最热的时候吗？

夏至这一天，北半球各地白昼时间达到全年最长，但这一天并不是一年中最热的一天。夏至过后，北半球白昼逐渐变短，但由于太阳辐射到地面的热量仍比地面向空中散发的多，气温仍然在持续升高，一般来说，真正的暑热天气会出现在 7 月中旬到 8 月中旬之间。

夏至前后，空气对流旺盛，午后至傍晚特别容易形成降雨，但多为范围小、来得快、去得急的雷阵雨。

鹿角解

成年雄鹿大多有角，鹿角会周期性地生长、脱落。鹿角通常在春季新生，夏至节气脱落，古人把鹿角脱落称为“鹿角解”。

蜩（tiáo）始鸣

蜩，古书上指蝉，俗称知了，是世界上寿命最长的昆虫之一。每年夏至，蝉最后一次蜕皮，发育成熟，进入交配繁殖期。此时，雄蝉靠振动鼓膜发出嘹亮的鸣叫，以吸引雌蝉前来交配。

半夏生

半夏是一种多年生有毒草本，地下有小块茎，居夏之半而生，所以得半夏之名。半夏可入药，有燥湿化痰、祛寒的功效。半夏喜阴，常在每年夏至的时候开始出现。

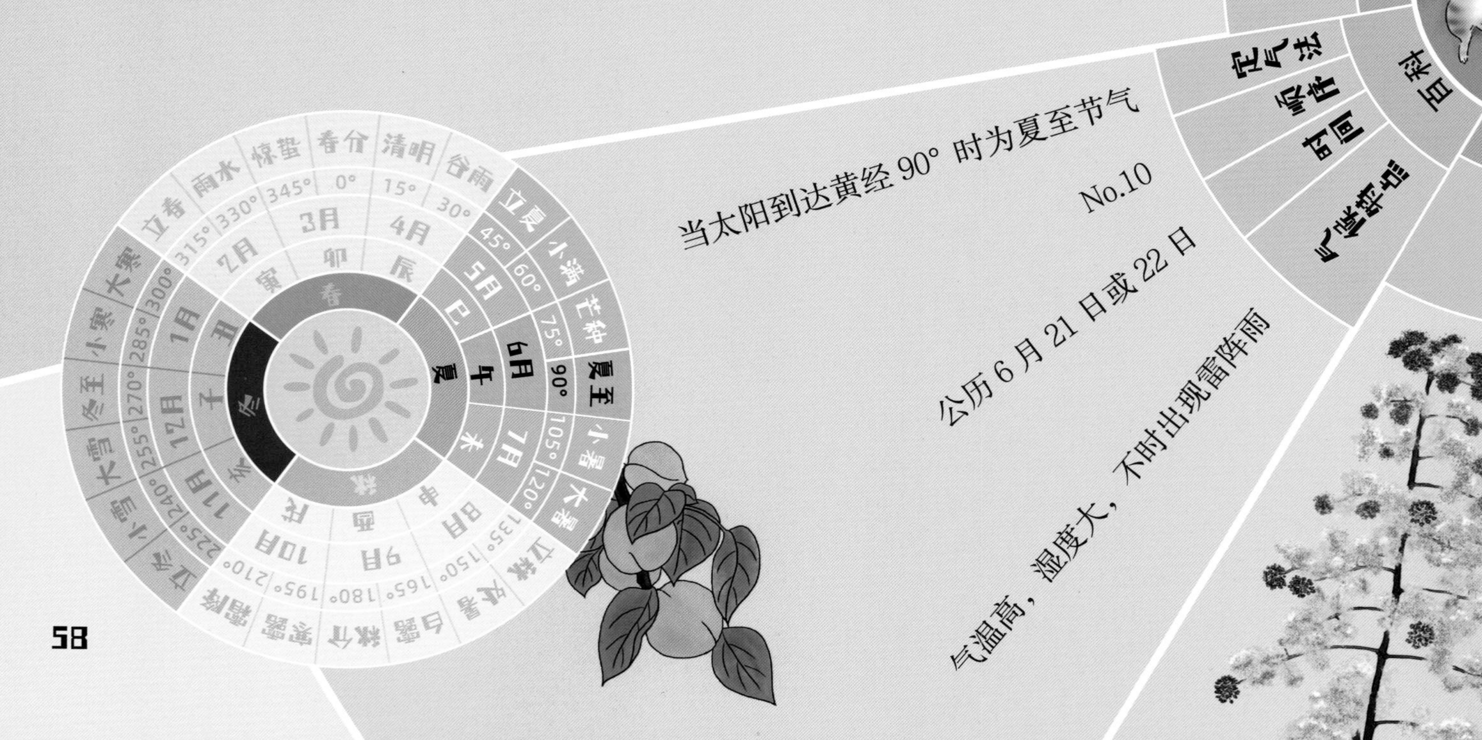

一候
二候
三候
物候特点
定气法
时间
气候特征
当太阳到达黄经90°时为夏至节气
No.10
公历6月21日或22日
气温高，湿度大，不时出现雷阵雨

戴枣花

夏至时节，枣花盛开。在绿叶的掩映下，小星星似的米黄色枣花散发出醉人的清香。蜜蜂穿梭在枣花间，采撷着香甜的花蜜，妇女们则采摘枣花戴在头上。

吃夏至面

“冬至馄饨夏至面。”夏至时，面条常常是家庭首选。夏至面也叫“入伏面”，通常用新麦磨成的面粉做成，营养价值高，口感好。

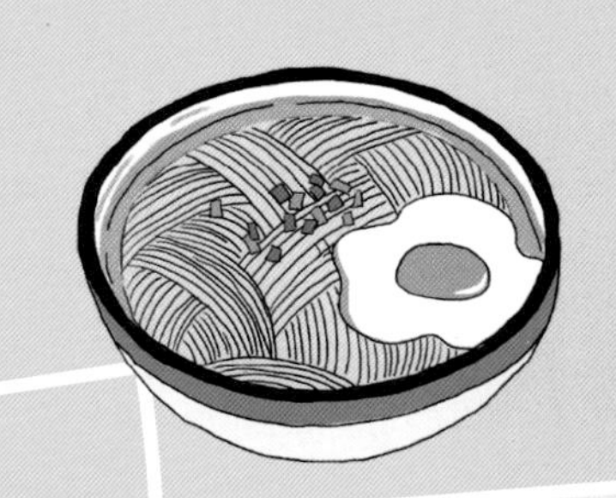

夏至时节，农作物生长快，同时杂草病虫迅速滋生蔓延，需加强田间管理。另外还要预防暴雨、大风等自然灾害的袭击。

民俗

文化习俗

饮食

夏至

农事

梧桐花：梧桐又称“青桐”，为落叶乔木。其花小，白色或淡黄绿色，盛开时，花朵鲜艳明亮。

楤（sǒng）木花：楤木为落叶乔木或灌木。其花白色，小且密集，有淡淡的香味，果实圆球形，成熟时黑紫色。

栾花：栾树为落叶乔木。先花后果。花小金黄，花开之时，一簇簇缀满枝头。春季嫩叶多为红色，入秋叶子变黄，果实紫红色，形似灯笼。

夏至五月中

［唐］元稹

处处闻蝉响，须知五月中。
龙潜①渌水②坑，火助太阳宫③。
过雨频飞电④，行云屡带虹。
蕤宾⑤移去后，二气⑥各西东。

注释

①龙潜：龙蛰伏。

②渌（lù）水：清澈的水。

③太阳宫：太阳神居住的宫殿。

④飞电：闪电。

⑤蕤（ruí）宾：古乐十二律中之第七律。蕤宾属阳律。古人律历相配，十二律与十二月相适应，谓之律应。蕤宾位于午，在五月，故代指农历五月。

⑥二气：指阴阳二气。

译文

夏至时节，处处都能听到蝉鸣声，要知道，一年已走到五月（农历）中。

龙儿（害怕热）深潜在碧水深处，大地仿佛流火，助力太阳释放更多的热量。

下雨时，闪电频频飞驰，云过天晴时，天空中出现道道彩虹。

阳律“蕤宾”离去之后，阴阳二气就各奔东西了。

小暑

小暑是反映气温变化的节气，时间为每年的 7 月 6 日、7 日或 8 日。

暑，炎热的意思。小暑，就是小热，意指天气开始炎热，但还没有到最热的时候，正所谓：“小暑不顺热，大暑三伏天。”

小暑到最热的时候了吗？

小暑时天气开始炎热，但还没到最热的时候。

小暑后开始进入伏天，即所谓热在“三伏”。“三伏天”通常会出现在小暑与处暑之间。这个时期的降水量最多，雨热同期有利于农作物生长。

温风至

小暑以后，我国大部分地区日最高气温已达30℃以上，从现代气候学的观点看，小暑中后期已经入伏，迎面刮来的是热风了。

蟋蟀居壁

“七月在野，八月在宇，九月在户，十月蟋蟀入我床下。”小暑时节，由于地面温度升高，蟋蟀在地下觉得闷热，就会从土穴里出来，爬到屋檐下或阴凉的墙壁上乘凉。

鹰始鸷

“鸷”，凶猛的意思。小暑时节，天气变得炎热，鹰此时常会借助上升的热气流盘旋于高空，俯冲捕食。

物候特点 一候 二候 三候

百科 定气法 交节时间 气候特点

当太阳到达黄经105°时为小暑节气

No.11

公历7月6日、7日或8日

“小暑大暑，上蒸下煮。”小暑，开始进入伏天

立春 雨水 惊蛰 春分 清明 谷雨 立夏 小满 芒种 夏至 小暑 大暑 立秋 处暑 白露 秋分 寒露 霜降 立冬 小雪 大雪 冬至 小寒 大寒

槐花：槐树为落叶乔木。其花花朵小，淡黄色。盛开时，簇簇花朵绽放于枝叶间，清香甘甜

游伏

在每年初伏的第一天，家家户户都要扶老携幼，出门游玩，欣赏大自然的山山水水、花花草草。因为“伏”“福”同音，“游伏”也就是“游福”，寓意“有福”。

食新

民间有小暑“食新”的习俗。“食新”是将新收的小麦磨粉、稻谷碾米后，制作出各色美味，邻里乡亲分享而食，同时，准备一份祭祀祖先。

民俗

文化习俗

饮食

小暑

农事

节气

凌霄花

木槿花

小暑时节，雨热同期，农作物进入茁壮成长阶段。大部分棉区的棉花开花结铃，要及时整枝、打杈、去叶，协调植株营养分配，增强通风透光，改善农田小气候，减少蕾铃脱落。此时既需加强田间管理，又要注意抗旱和防涝。

木槿花：木槿为落叶灌木。木槿花有纯白、淡粉、淡紫、紫红等花色，花形呈钟状，朝开暮落，新花接力，生机勃勃。

凌霄花：凌霄为落叶木质藤本。花大，花冠为唇状漏斗形，红色或橘红色。

答李滁州题庭前石竹花见寄

[唐] 独孤及

殷疑曙霞[1]染，巧类匣刀裁。

不怕南风热，能迎小暑开。

游蜂怜色好，思妇感年催。

览赠添离恨，愁肠日几回。

立秋就凉快了吗？

立秋后阳气渐收、阴气渐长，万物开始从繁茂成长走向成熟，夏季的多雨湿热逐渐向秋季的少雨干燥转变。

立秋并不代表酷热天气就此结束！民间有“秋后一伏”之说，即立秋后还有“一伏”的酷热天气。立秋这天往往处在中伏期间，真正能感到凉意，一般要到白露节气之后了。

凉风至

受季风气候影响，立秋后冷空气活动频繁，天气慢慢发生变化。立秋过后，人们会感觉到早晚的天气有一丝凉意。

白露降

立秋后，白天日照仍然强烈，入夜后，气温下降，形成一定的昼夜温差，空气中的水蒸气便在植物上凝结成露珠。

寒蝉鸣

“寒蝉”是蝉的一种。立秋时节是寒蝉的交配期，此时雄性寒蝉开始鸣叫，以吸引雌性，故称“寒蝉鸣”。

物候特点
一候
二候
三候

百科
定气法
当太阳到达黄经135°时为立秋节气

No.13

时间
公历8月7日、8日或9日

气候特点
气温下降，秋后一伏仍有点热

贴秋膘

民间流行在立秋这天以悬秤称人，将体重与立夏时的对比。因为夏天天气炎热，难免会影响人的食欲，所以体重会减轻一些。等秋风一起，胃口大开，想吃点好的，找回夏天的损失。立秋这天吃美味佳肴，当然首选吃肉，“以肉贴膘”。

吃西瓜

在立秋这天，各地有吃西瓜的习俗，称为“啃秋”。人们觉得立秋之后早晚天气变凉，吃凉的东西对肠胃不好，因此立秋之后就很少吃西瓜了。

在我国许多地方，都有“立了秋，挂锄钩”的农谚。立秋以后，庄稼开始成熟，大豆结荚，玉米抽雄吐丝，棉花结铃，甘薯薯块迅速膨大，大田已经不需要松土除草，农民可稍事休息。

向日葵：又称“葵花”。一年生草本植物。花黄褐色，花朵色彩明亮，外形酷似太阳，花盘始终朝着太阳。向日葵充满了阳光的味道，火热且富有生命力。

蓼花：蓼草为草本植物，喜潮湿的环境。花开时，密密的淡红色或白色小花簇生成花穗，随风摇曳，远看如同淡淡的云烟。

昙花：为附生肉质灌木，属仙人掌科植物。花洁白，蕊淡黄，夜间开放，仅开数小时即枯萎，“昙花一现”就是说昙花花期极其短暂。

立秋

［宋］刘翰

乳鸦[1]啼散[2]玉屏[3]空[4]，

一枕新凉一扇风。

睡起秋声无觅处[5]，

满阶梧叶月明中。

注释

①乳鸦：幼小的乌鸦。

②啼散：啼叫着飞散了。

③玉屏：精致的屏风。

④空：指屋子显得空寂。

⑤无觅处：无处可寻。

译文

小乌鸦鸣叫着飞散后，只有精美的屏风寂寞地立在空寂的房子里，
秋风吹来，顿觉枕边清新凉爽，就像有人用扇子扇风一样。
睡梦中萧萧的秋风声，醒来无处寻觅，
落满台阶的梧桐叶沐浴在皎洁的月光中。

作者简介

刘翰，南宋诗人，长沙（今属湖南）人。今存《小山集》一卷。

处暑

处暑是反映气候变化的节气，时间为每年的 8 月 22 日、23 日或 24 日。

处，含有“躲藏”“终止”的意思。处暑表示炎热的夏季即将结束，天气逐渐凉爽起来。处暑以后，日夜温差增大，昼暖夜凉的天气条件有利于庄稼的成熟。

在古代，农民会在处暑时节向天子进献五谷。五谷丰登，意味着风调雨顺、国泰民安。

处暑能牵来“秋老虎”吗？

处暑后，我国北方地区气温逐渐下降，昼夜温差明显加大。但是，高温还会反扑，俗称“秋老虎”。

“秋老虎”不是气象术语，是民间一种约定俗成的说法，指的是在夏天向秋天过渡的时期，气温下降之后又会突然回升，持续出现一段高温天气。

鹰乃祭鸟

立秋后，鹰会大量地捕捉田间的老鼠、兔子以及天上的飞鸟等猎物，然后把它们摆在地面上，犹如祭祀一样，故称“鹰乃祭鸟”。

天地始肃

立秋后气温明显降低，树叶开始凋零，夏季活跃的昆虫也进入越冬阶段，万物走向沉寂，天地间开始显现肃杀之气。

禾乃登

“禾”指的是黍、稷、稻等谷类作物，“登”是成熟的意思，“禾乃登”指谷类作物开始成熟，进入收割期。

当太阳到达黄经 150° 时为处暑节气

No.14

公历 8 月 22 日、23 日或 24 日

气温逐渐下降，暑气渐消

出游迎秋

处暑之后秋意渐浓，是人们迎秋赏景的好时节。秋高气爽，适合户外活动。民谚“七月八月看巧云”，正是体现了迎秋之意。

吃鸭子

“七月半鸭，八月半芋。”古人认为农历七月中旬的鸭子最为肥美营养。

民俗

文化习俗

饮食

处暑

农事

花草

处暑时节，应合理施肥以使庄稼颗粒饱满，但施肥时间不可过迟，以免庄稼贪青晚熟。处暑时节一般不会发生暴雨，但连阴雨引起的秋汛常常影响作物的收成，因此要做好防秋汛工作。

桂花：常绿灌木或小乔木。桂花是中国传统十大名花之一。仲秋时节，金桂、银桂、丹桂、月桂竞相开放，天空的明月和地上的桂花相合相应，使人陶醉。

玉簪花：玉簪为多年生宿根草本花卉。碧叶莹润，清秀挺拔，花朵形似喇叭，洁白无瑕，花蕾犹如发簪，香气四溢，为我国传统香花。

处暑后风雨

[元] 仇远

疾风驱急雨，残暑扫除空。
因识炎凉态，都来顷刻中。
纸窗嫌有隙，纨扇[1]笑无功。
儿读秋声赋，令人忆醉翁[2]。

注释

①纨扇（wán shàn）：用细绢制成的团扇。

②醉翁：指宋代诗人欧阳修。

译文

疾风伴着骤雨到来，顿时将夏季未退去的暑气一扫而空。

风雨意识到天气要从炎热转凉爽，顷刻之间都汇集了过来。

风雨之日，即使关着纸窗，却还嫌弃它有缝隙，扇子就显得没有用了。

听到小儿诵读《秋声赋》，使人不禁想起醉翁欧阳修。

作者简介

仇远，元文学家，钱塘（今浙江杭州）人，生于南宋末年。他生性淡雅，喜欢游山玩水，以诗名，亦工书画，能词，多写景咏物之作。可惜生逢乱世，元灭南宋，在仇远的诗词中，不时流露出忧国的悲怀之情。

白露

白露是反映天气现象的节气，时间为每年的9月7日、8日或9日。

白露时节，天气一天比一天凉，在夜晚，甚至会感到阵阵凉意。夜晚的温度与白天相比明显降低，在清晨或夜晚，近地面空气里的水汽遇冷，就会在花草树木等物体上凝结成白色的露珠，“白露”之名由此而来。

注释

①圃：种植菜蔬、花草、瓜果的园子。

②凭几（píng jī）：古时供人凭倚而用的一种家具。

③栖（qī）：指鸟在树枝或巢中停息。

④秋实：秋季成熟的谷物及果实。

⑤幽径：清幽的小路。

⑥蹊（xī）：小路。

译文

清晨，白露凝结在柑果上，马蹄刚一踏过，蹄印很快就看不清楚了。

园子里花开了，远望好像石头和树连在了一起，小船慢慢驶入江溪之中。

凭靠几案，观看鱼儿在水中欢快嬉戏，给马儿一响鞭，栖息在树上的鸟儿受惊急急飞起。

骑马赏秋，才渐渐知道秋天的果实如此之美，也担心清幽的小路岔道太多会迷路。

作者简介

杜甫，祖籍襄阳（今属湖北），自其曾祖时迁居巩县（今河南巩义西南）。唐代伟大的现实主义诗人，与李白齐名，世称“李杜”。杜甫在中国古典诗歌中的影响非常深远，被后世尊为“诗圣”，他的诗被称为“诗史”。

秋分

秋分是反映四季变化的节气，时间为每年的 9 月 22 日、23 日或 24 日。

“分”即为“平分”“半”的意思，除了指昼夜平分外，还有一层意思是平分了秋季。“立秋”是秋季的开始，到“霜降”为秋季终止,秋分这一天刚好是秋季 90 天的一半。秋分时节，我国各地都在忙着秋收。

秋分这一天，阳光几乎直射赤道，秋分后，阳光直射位置南移，北半球昼短夜长，气温逐渐下降，昼夜温差加大。

2018 年，我国将秋分这一日设立为“中国农民丰收节”。

译文

今年的秋凉来得有点早，树叶还没变黄就纷纷飘落了。

这时的蟋蟀本当还在屋檐下，忽然就已经到了我的床下。

我已经老了，年华逝去，姑且让它们在这里稍稍徘徊一下吧。

此时怎能没有一杯酒呢，还应有书在身旁。

一边饮酒一边读古书，想到黄帝、尧帝，感慨万千。

虽已年老，但狂傲的性情未曾消失，且已狂入膏肓，谁能救治呢？

作者简介

陆游，字务观，号放翁，越州山阴（今浙江绍兴）人。爱国诗人。

陆游一生笔耕不辍，诗、词、文都有很高成就。其诗语言平易晓畅、章法整饬谨严，兼具李白的雄浑豪放与杜甫的沉郁悲凉，尤以饱含爱国热情的诗作影响深远。

寒露

寒露是反映天气现象的节气，时间为每年的 10 月 8 日或 9 日。

古人把这个节气命名为“寒露”，意思是此时气温比白露更低，地面的露水更多，且带寒意。

尽管天气转冷，但寒露仍适合外出运动。这段时间恰逢重阳节，更是人们登高望远、月下赏菊、感恩敬老的好时节。

寒露有多寒？

白露是炎热向凉爽的过渡，寒露则是凉爽向寒冷的转折。

民间有谚语：“露水先白而后寒。”白露节气后，露水先从初秋泛着的一丝凉意，转为寒露节气的深秋透出的几分寒冷。随着寒气不断增长，万物开始逐渐萧条。

此时，北方地区呈现深秋景象，东北和西北地区甚至进入了冬季；长江一带秋意渐浓，但华南地区还在挽留夏天。

鸿雁来宾

“雁以仲秋先至者为主，季秋后至者为宾。”寒露后仍有大量鸿雁南飞，按照古人说法，先到为主，后至为宾，这些寒露后南迁的鸿雁较白露时南迁的鸿雁更晚，所以为“宾”。

雀入大水为蛤

“大水”指大海。寒露时节气温骤降，鸟类活动减少，而此时海边出现很多蛤蜊，因蛤蜊的颜色和花纹与雀鸟近似，古人误以为深秋难觅其踪的雀鸟投入了大海，变成了蛤蜊。

菊有黄华

《礼记·月令》中有“季秋之月，鞠有黄华”，就是说菊花是像鞠球这种样子的秋天的花。

寒露时节草木凋敝，百花早已残败，而菊花此时却正值盛开之季。

一候 二候 三候 物候特点 百科 定气法 气候 时间 气候特点

立春 雨水 惊蛰 春分 清明 谷雨 立夏 小满 芒种 夏至 小暑 大暑 立秋 处暑 白露 秋分 寒露 霜降 立冬 小雪 大雪 冬至 小寒 大寒

315° 330° 345° 0° 15° 30° 45° 60° 75° 90° 105° 120° 135° 150° 165° 180° 195° 210° 225° 240° 255° 270° 285° 300°

2月 3月 4月 5月 6月 7月 8月 9月 10月 11月 12月 1月

寅 卯 辰 巳 午 未 申 酉 戌 亥 子 丑

春 夏 秋 冬

当太阳到达黄经195°时为寒露节气

No.17

公历10月8日或9日

从凉爽到寒冷的过渡

登高

重阳节在寒露节气前后，寒露气候宜人，十分适合登山，因此重阳节登高的习俗也成了寒露节气的习俗。近代又将重阳节赋予“老年节”的含义，倡导全社会树立敬老、孝老、爱老的风气。

吃莲藕

莲藕甜脆可口，既是佳蔬又是良药，有清热除燥、除烦凉血、滋养身心的作用。寒露节气吃莲藕有益身心健康。

寒露以后，天气常常是昼暖夜凉，红薯、玉米等秋作物都停止了生长，此时应抓紧收获，若延迟到霜降时节，容易遭受冻害。北方应播种完小麦，不宜再迟，以免减产。南方应适时播油菜、种蚕豆等。深秋季节，水果满枝，稻谷飘香，这是农民既辛苦又高兴的时刻。

木芙蓉：俗称“芙蓉花”，落叶灌木或小乔木。花或白或粉或赤，花朵硕大，皎若芙蓉出水，艳似菡萏（hàn dàn，荷花）展瓣，故有“芙蓉花”之称。

景天：又称“八宝”。多年生肉质草本植物。常见白色、紫红色、玫红色品种。春季新发叶子为莲座状，蓝绿色。其花密生，一簇簇汇集成片，如烟似霞。

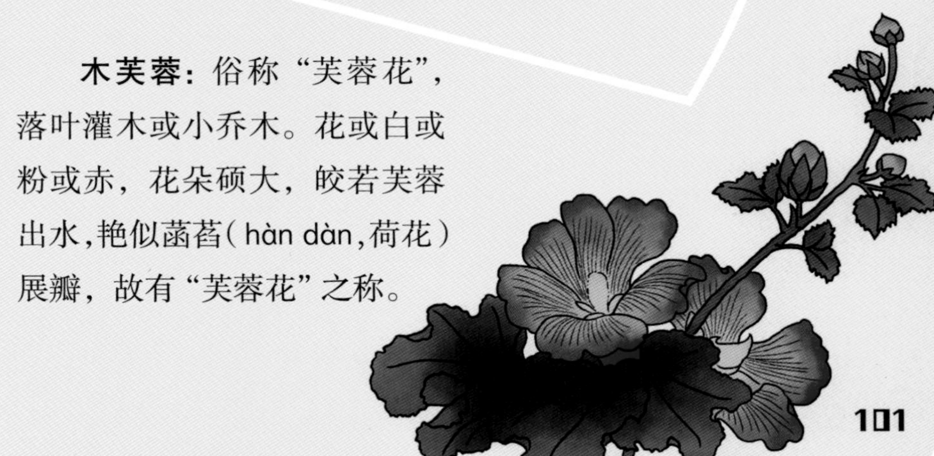

池　上

[唐] 白居易

袅袅[①]凉风动，凄凄寒露零。

兰衰花始白，荷破叶犹青。

独立栖沙鹤，双飞照水萤。

若为寥落[②]境，仍值酒初醒。

注释

①袅袅：指烟雾缭绕升腾。

②寥落：冷落，冷清。

译文

烟雾缭绕，凉风吹动，寒露凄凄，万物凋零。

兰花衰败凋谢，花开始变白了，荷叶虽然残破，但叶子还是青绿色的。

沙洲上栖息着一只孤鹤，双飞的萤火虫映照在水面。

如果说什么是寥落孤寂的情境，就是酒醉初醒时我看见的这一切。

作者简介

白居易，字乐天，晚年号香山居士。祖籍太原。白居易是唐代伟大的现实主义诗人。白居易与元稹共同倡导新乐府运动，世称“元白”，与刘禹锡并称“刘白”。白居易主张：“文章合为时而著，歌诗合为事而作。”他的诗题材广泛，形式多样，语言平易通俗，代表诗作有《长恨歌》《卖炭翁》《琵琶行》等。

霜降

霜降是反映天气现象的节气，时间为每年的 10 月 23 日或 24 日。

霜降是秋季的最后一个节气，是秋季到冬季的过渡。由于“霜”是天冷、昼夜温差变化大的表现，故以“霜降”命名这个“气温骤降、昼夜温差大”的节令。

霜降时节，我国北方地区已进入秋收扫尾阶段，但在南方，此时正适合收割晚水稻、种油菜等，正是大忙时节。

气象学上，一般把秋季出现的第一次霜叫作“初霜”，把春季出现的最后一次霜叫作“终霜”。民间也把初霜叫作“菊花霜”，因为此时菊花正是盛开期。

霜从哪里来？

霜降节气反映的是天气渐渐变冷的气候特征，并不表示进入这个节气就会降霜。霜也不是从天上降下来的，而是近地面空气中的水汽遇冷凝结而成，并附着在地面或植物上。

豺乃祭兽

以豺为代表的兽类，在深秋时节大量捕获猎物，陈列并储藏起来，以备过冬，好像在祭祀一样。

草木黄落

霜降时期，大部分草木出现枯黄凋零的现象。

蛰虫咸俯

“咸”意为全部。霜降之后，气温骤降，具有冬眠习性的动物此时都进入事先建好的巢穴中，准备进入不动不食的休眠状态。

一候

二候

三候

物候特点

百科

定气法

当太阳到达黄经 210° 时为霜降节气

No.18

时间

公历 10 月 23 日或 24 日

气候特点

秋季到冬季的过渡节气，初霜出现

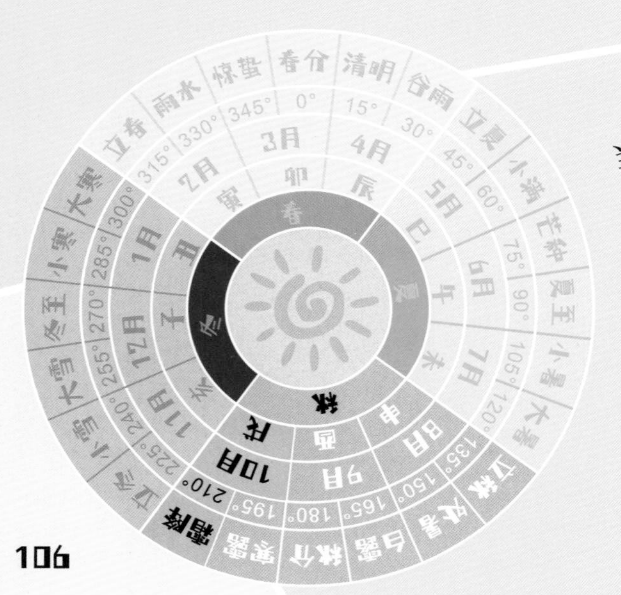

大丽花：多年生草本植物花色和花型繁多花径大，花瓣层层叠叠，丰润娜。

赏菊

古有“霜打菊花开”之说，霜降之时，正是秋菊盛开的时候，登高山赏菊花成为霜降时节的习俗。我国很多地方在这时要举行菊花会，人们赏菊饮酒，以示对菊花的喜爱。

吃柿子

“霜降摘柿子，立冬打软枣。”柿子是霜降食品，霜降时节人们多喜欢吃柿子。人们认为，吃柿子能御寒保暖，补筋骨。

民俗

文化习俗

饮食

霜降

农事

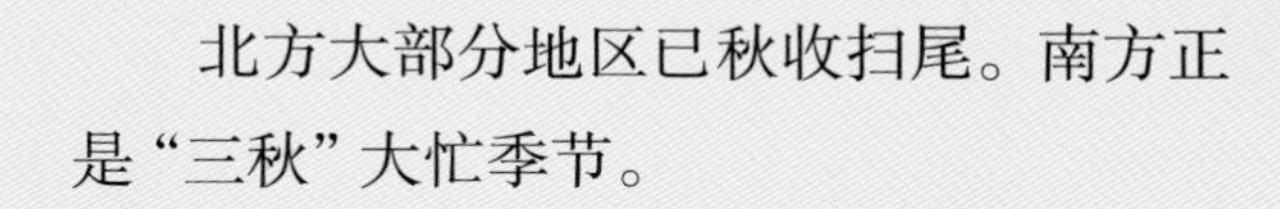

北方大部分地区已秋收扫尾。南方正是“三秋”大忙季节。

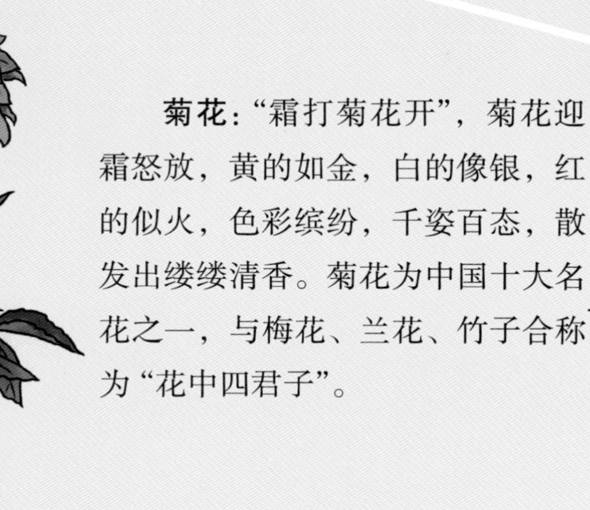

菊花：“霜打菊花开”，菊花迎霜怒放，黄的如金，白的像银，红的似火，色彩缤纷，千姿百态，散发出缕缕清香。菊花为中国十大名花之一，与梅花、兰花、竹子合称为“花中四君子”。

如梦令·晓向高楼凝望

［清］黄琬璚（qióng）

晓向高楼凝望[1]。远树枝枝红酿。

睡起眼朦胧[2]，道是芙蓉初放。

霜　降。霜　降。那是丹枫江上。

注释

①凝望：注目远望。

②朦胧（méng lóng）：蒙眬。刚醒时看东西模糊的样子。

译文

早晨起床，高楼远眺。远处的树枝上枝枝红艳。

刚睡醒起来，眼睛蒙蒙眬眬的，还以为是芙蓉花刚刚绽放。

噢，霜降。霜降节气到了。那是经寒霜而变红的枫叶林啊。

作者简介

黄琬璚，字葆仪，清代湖南宁乡人。著名女词人。

楚河

立冬

立冬是反映四季变化的节气，时间为每年的 11 月 7 日或 8 日。

冬季从“立冬”开始，至下一年的“立春”前结束。冬，“终也、万物收藏”的意思；立冬，意味着生气开始闭蓄，万物进入休养、收藏的状态。

小雪节气会下小雪吗？

小雪节气中的“小雪”与日常天气预报所说的“小雪”没有必然关系。两者具有不同的意义。小雪节气反映的是气候特征，这一时段的寒潮和冷空气活动比较频繁，但不一定会下雪。

天气预报中的小雪，则是指降雪强度较小的雪。

小雪时节，西北风成为我国广大地区的“常客”。

虹藏不见

小雪时节，降水量明显减少，而且气温低，日照时间少，即便有降水也看不见彩虹了。

天气升，地气降

古人认为，天为阳地为阴，“天气”意为阳气，“地气”意为阴气。小雪时节阳气上升，阴气下降，导致天地不通，阴阳不交，所以万物失去生机。

闭塞而成冬

此时地面与空中的能量、热量交换不再频繁，因此天地不通而闭塞，由此转入严寒的冬天。

当太阳到达黄经 240° 时为小雪节气

No.20

公历 11 月 22 日或 23 日

冷空气频繁南下

米兰：灌木或小乔木。米兰株形秀丽，叶四季常绿。其花黄色，小而密，花香清幽。

腌肉

大雪时节，气温下降，天气干燥，是加工腊肉的好时候。民间有俗语：“小雪腌菜，大雪腌肉。”

吃羊肉

大雪时节，人们喜欢吃羊肉。羊肉温补抗寒，益气补湿。吃羊肉有驱寒温身的效果。

民俗

饮食

文化习俗

大雪

农事

节气

养生

这时的积雪，一可以保持地面及植物附近的温度不会降得过低，为农作物越冬创造合适的农田小气候；二可以储存农作物来年生长所需的水分；三可以冻死土壤表面的一些虫卵，减少小麦返青后的病虫害。但如果雪太大，会对一些设施农业产生不利影响。

仙客来： 多年生草本植物。花红色艳，绚烂迷人。仙客来是一种普遍种植的鲜花，适合种植于室内花盆，冬季则需温室种植。

鹅掌柴： 乔木或灌木，叶子反转后的形状像鹅鸭的脚掌，所以也叫“鸭脚木”。其枝条扶疏，叶色碧翠，叶片上有黄白彩斑。鹅掌柴的花朵是一簇一簇的，白色，花蕊呈放射状，给人纯洁干净的感觉。

江　雪

[唐] 柳宗元

千山鸟飞绝，

万径人踪灭。

孤舟蓑笠①翁，

独钓寒江雪。

注释

①蓑笠（suō lì）：蓑衣与斗笠。

译文

高高低低的山上，看不见飞鸟的身影，

大大小小的路上，看不见行人的足迹。

一位披着蓑衣、头戴斗笠的老翁坐在一叶孤舟上，

在大雪覆盖的寒冷江面上独自垂钓。

作者简介

柳宗元，字子厚，河东解县（今山西运城西南）人，世称柳河东，唐代文学家、哲学家，唐宋八大家之一。其诗风格清峭，散文笔锋犀利。柳宗元与韩愈共同倡导唐代的古文运动，并称“韩柳”，与刘禹锡并称“刘柳”，与王维、孟浩然、韦应物并称“王孟韦柳”。

冬至

冬至是反映四季变化的节气，时间为每年的12月21日、22日或23日。

早在春秋时代，同确定夏至日一般，古人通过观察杆影移动的规律和影子的长短，确定了冬至的日期。

冬至这一天，阳光直射南回归线，北半球白昼最短，黑夜最长。

冬至，标志着即将进入寒冷时节，民间由此开始“数九”计算寒天。在我国大部分地区流传着冬天的“九九歌”，用来描述冬至以后每隔九天的气候状况：“一九二九不出手，三九四九冰上走。五九六九，沿河看柳。七九河冻开，八九雁归来。九九加一九，耕牛遍地走。”

冬至白昼虽短，但气温并不是最低，真正的严寒在冬至之后。冬至之后，我国各地都将进入最寒冷的阶段。

冬至不吃饺子会冻掉耳朵吗？

在北方，每年冬至这天，饺子是必不可少的节日饭。这种习俗传说源于“医圣”张仲景“冬至舍药”的故事。

东汉时，张仲景曾任长沙太守。他告老还乡时，适逢大雪纷飞，寒风刺骨。他看到白河两岸乡亲面黄肌瘦，饥寒交迫，不少人的耳朵都冻烂了，他便让弟子在南阳东关搭起医棚，支起大锅，熬“祛寒娇耳汤”医治冻疮。他把羊肉、辣椒和一些驱寒药材放在锅里煮熟，捞出来切碎，用面皮包成耳朵的样子，煮熟后送给乡亲们吃。人们吃了“娇耳”，喝了“祛寒汤”，浑身暖和，两耳发热，冻伤的耳朵就好了。

后来，每逢冬至人们便做“祛寒娇耳汤”食用，称其为饺子。于是，民间有了冬至吃饺子不冻耳朵的习俗。

蚯蚓结

蚯蚓是变温动物，体温会随着环境温度的变化而变化，冬至过后，环境温度低于 -5 ℃，蚯蚓便在地下缩成一团开始冬眠。

麋角解

“麋”即麋鹿。每年冬至前后，麋鹿的老角脱落，新角慢慢长出。古人认为麋鹿的角朝后生，所以为阴，而自冬至起，虽然天气依然寒冷，但天地间的阳气初生，麋鹿感阴气渐退而解角。

水泉动

古人认为冬至阳气初生，也是阴阳转换、阳气生发的时节。所以此时地下的温度比地面的高，泉水的温度也就比地面温度高，可以流动，并且摸起来还很温暖。

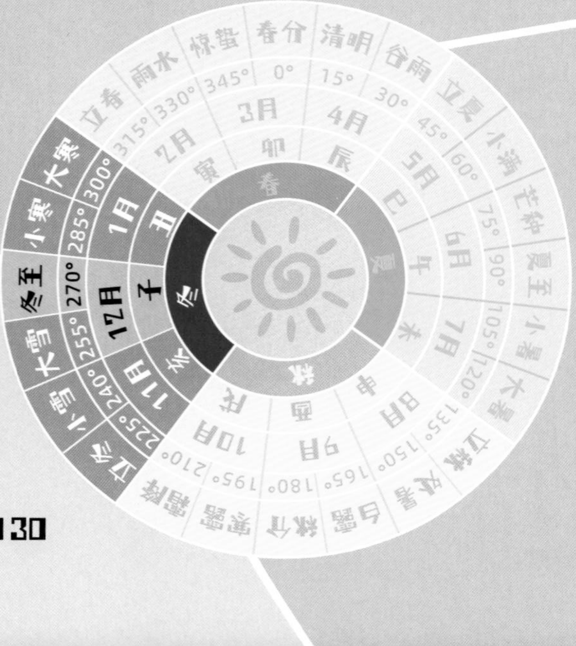

当太阳到达黄经 270° 时为冬至节气

No.22

公历 12 月 21 日、22 日或 23 日

一年中最寒冷的时期到来

一品红：常绿

灌木。其花是苞叶

中间黄绿色的细碎

小花，枝顶的红叶

子是植株的苞叶。

冬至

文化习俗

民俗

饮食

农事

画九

民间有冬至画九的习俗，用这种方式来计算“数九”的日期。所谓画九，是画素梅一枝，共画九朵梅花，每一朵梅花上有九片花瓣，共八十一片花瓣。把画挂在墙上，冬至一到，每天用红笔涂一片花瓣，八十一片花瓣涂完了，便是冬尽春来的日子。

吃饺子

冬至到，家家户户吃水饺。冬至这天吃的饺子，一般是羊肉馅的。羊肉是温性食物，冬至天寒，吃羊肉可以祛寒，还有滋养身体的作用。

冬至前后是兴修水利、进行农田基本建设的良好时机，同时要施好腊肥，做好防冻工作。

瓜叶菊：又称“富贵菊”。多年生草本。叶片大，形如瓜叶，花色丰富，色彩鲜艳，给寒冷的冬日带来温暖与浪漫。

邯郸冬至夜思家

[唐] 白居易

邯郸[1]驿[2]里逢冬至，

抱膝灯前影伴身。

想得家中夜深坐，

还应说着远行人。

探梅

此时蜡梅已开，红梅含苞待放，大家一起去有梅花的地方，观赏花姿、细闻花香，是寒冷时节的一大乐事。

喝腊八粥

腊八节（农历腊月初八）往往在小寒节气里，老百姓有喝腊八粥的传统习俗。腊八粥是一种由米、豆、枣、莲子、花生、枸杞、栗子、桂圆、葡萄干、核桃仁等多样食材熬制的粥。

小寒时节将进入一年中最寒冷的时段。由于气温低，小麦、果树、畜禽等容易遭受冻害，要做好果树防冻、畜舍保暖等工作。

梅花：梅为小乔木，稀灌木。花先叶开放，花香浓郁。梅花号称“花中之魁”，为中国十大名花之一，与松、竹并称为“岁寒三友”。

山茶花：山茶为灌木或小乔木。花色品种繁多，多为红色或淡红色，亦有白色，多重瓣。花开缤纷艳丽，娇美多姿，被称为“花中娇客”，为中国十大名花之一。

水仙花：水仙为多年生草本。其花白色，清香，为中国十大名花之一。

小　寒

［唐］元稹

小寒连大吕[1]，欢鹊垒新巢。

拾食寻河曲，衔紫[2]绕树梢。

霜鹰[3]近北首[4]，雊[5]雉[6]隐聚茅。

莫怪严凝[7]切，春冬正月交。

注释

①大吕：夏历十二月的别称。

②衔紫：衔着紫枝。

③霜鹰：在霜风中飞翔的老鹰。

④北首：北向。

⑤雊：野鸡鸣叫。

⑥雉：野鸡。

⑦严凝：严寒。

译文

小寒时节对应着夏历十二月，欢乐的喜鹊开始垒新巢了。

喜鹊喜欢沿着弯弯的小河捡拾食物，衔回来紫枝和湿泥，围绕着树梢筑巢。

（此时可把老鹰想象成大雁开始向北方迁徙）老鹰在霜风中向北方飞去，野鸡隐藏、聚集在茅草丛中鸣叫。

不要责怪严寒的天气来得太急迫，春天和冬天就要在正月里交替呢。

大寒

大寒是反映气候变化的节气,时间为每年的 1 月 20 日或21 日。

大寒是二十四节气中的最后一个节气。大寒，就是天气寒冷到了极点的意思。大寒前后，正值三九刚过，四九之初。古人认为，大寒节气是全年之中最冷的日子，但实际情况并非如此。根据气象数据统计分析，在北方地区小寒节气比大寒节气更冷，俗语称“小寒胜大寒，常见不稀罕”。

大寒在岁终，过了大寒就是立春，大地即将迎来新一年的节气轮回。

小寒大寒谁更冷？

据多年气象资料记载，小寒基本是一年中气温最低的日子，只有少数年份大寒的气温低于小寒。冬至一到，便进入“数九寒天”，其中“三九”是最冷的时段，也总落在小寒节气内，民间也常有“小寒胜大寒”的说法。

原来，冬至时，地面得到的太阳热量虽然很少，但土壤深层还有一些热量可以向上散发，所以并不是全年最冷的时候。到了小寒，土壤深层的热量散失到了最低点，尽管白天稍微变长，太阳的光、热略有增加，但实际上，这是热量最“入不敷出”的时期，于是便成了全年最冷时节。

鸡始乳

此时正是母鸡“抱窝”的时节，母鸡开始孵卵，21 天后，小鸡便会破壳而出。

征鸟厉疾

“征鸟厉疾”指猛禽需强力捕食。天气虽冷，鹰、隼之类的猛禽，却正处于捕食能力极强的状态中，盘旋于空中到处寻找食物，以补充身体的能量来抵御严寒。

水泽腹坚

水域中的冰一直冻到水中央，又厚又结实。

No.24

当太阳到达黄经 300° 时为大寒节气

公历 1 月 20 日或 21 日

黄河以北大部分地区，大寒期间的平均最低气温比小寒期间的低

作者简介

邵雍，字尧夫，谥康节，北宋著名哲学家、数学家、诗人。邵雍与周敦颐、张载、程颢、程颐并称“北宋五子”。他根据《易经》和道教思想，描绘了宇宙的构造图式，形成他的自然和人事变化的象数之学。

阳历

阳历全称“太阳历”，我们现在通用的历法就是阳历，阳历也是当今世界通用的历法。

阳历的一年是按地球绕太阳公转一圈为一年计算的。一年中，1 月、3 月、5 月、7 月、8 月、10 月、12 月，每月都是 31 天。4 月、6 月、9 月、11 月，每月都是 30 天。只有 2 月份比较特殊：2 月份一般是 28 天，然而，地球绕太阳公转一圈的时间是 365 天 5 小时多一点，差不多 4 年就会多出一天，所以每隔 4 年，就会出现 2 月份是 29 天的情况，这一年称为闰年。

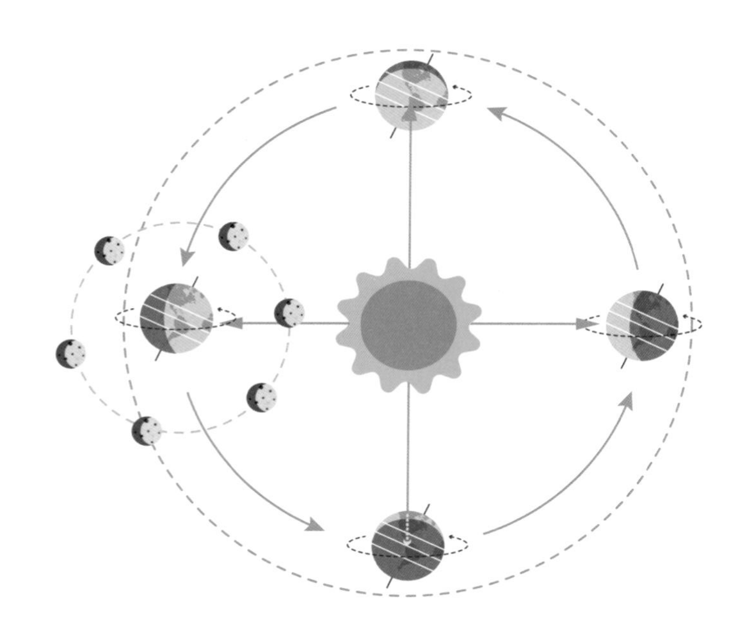

农历

农历是中国的传统历法，农历的一年是 354 或 355 天。农历融合阴历与阳历（根据月亮的运行规律，也根据太阳的运行规律），属阴阳历。

中国的农历包含二十四节气，而节气是由太阳在黄道上的位置决定的，所以是阴阳历除置闰以外的阳历部分，这也是中国传统历法固有的特色，直接指导着我国的农业生产。

二十四节气

二十四节气是上古农耕文明的产物，它最初是依据斗转星移制定的。古人根据北斗七星在夜空中的指向，指导农业生产不误农时。二十四节气多是依据中国黄河流域的气候、物候和农业生产制定的，它是农历的一个重要组成部分。

现行的二十四节气依据地球绕太阳公转的位置而确定，即把地球绕太阳公转一周年的运动轨迹划分为 24 等份，每 15° 为 1 等份，每 1 等份为一个节气，始于立春，终于大寒。二十四节气反映了太阳的运行周期，所以它的阳历日期基本固定，一般仅差 1 ～ 2 天。

二十四节气的节与气

在 24 个节气中又分 12 个节气和 12 个中气，一一相间，月首叫“节气”，月中叫“中气”。例如立春、惊蛰是“节气”，雨水、春分便是“中气”。

黄道

地球上看太阳于一年内在恒星之间所走的视路径，即地球的公转轨道平面与天球相交的大圆。黄道与天赤道成 23° 26' 的角，相交于春分点和秋分点。每年 3 月 21 日前后和 9 月 23 日前后太阳通过这两点。通俗地讲，由于地球绕太阳公转，从地球上看，太阳一年正好移动一圈回到原位，太阳如此“走”过的路线就叫“黄道”。

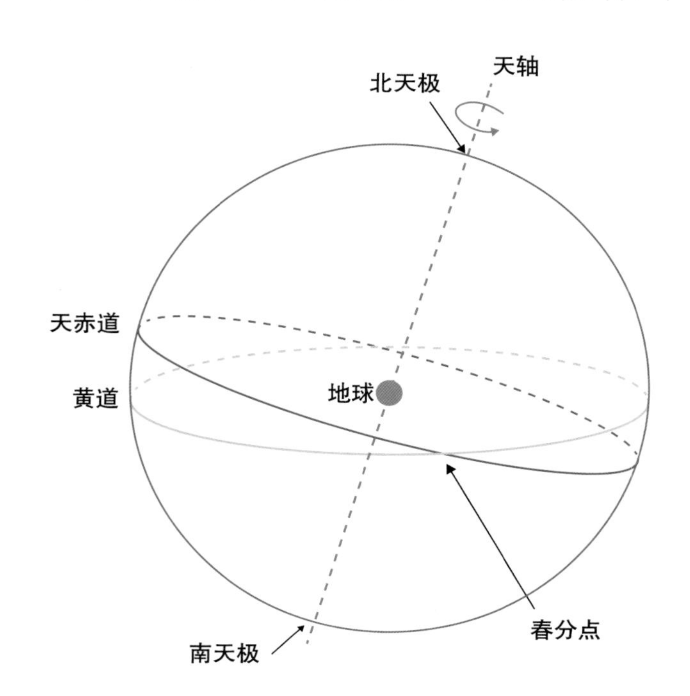

七十二候

七十二候是根据黄河流域的动物、植物以及其他自然现象变化的征候等编写而成的，用来说明节气变化的特点，作为黄河流域农事活动的依据。七十二候以五天为一候，三候为一个节气，六个节气为一个季节，四个季节为一年。一年二十四节气共七十二候。

各候均与一个物候现象相应，称“候应”。物候现象是指自然界中生物或非生物受气候和外界环境因素影响出现的季节性变化现象。七十二候“候应”的依次变化，反映了一年中物候和气候变化的一般情况，但其中有一些不符合科学事实的错误，也有一些与节气含义不符的情况。由于候的时间单位较小，故“候”难以广泛应用，仅作参考。

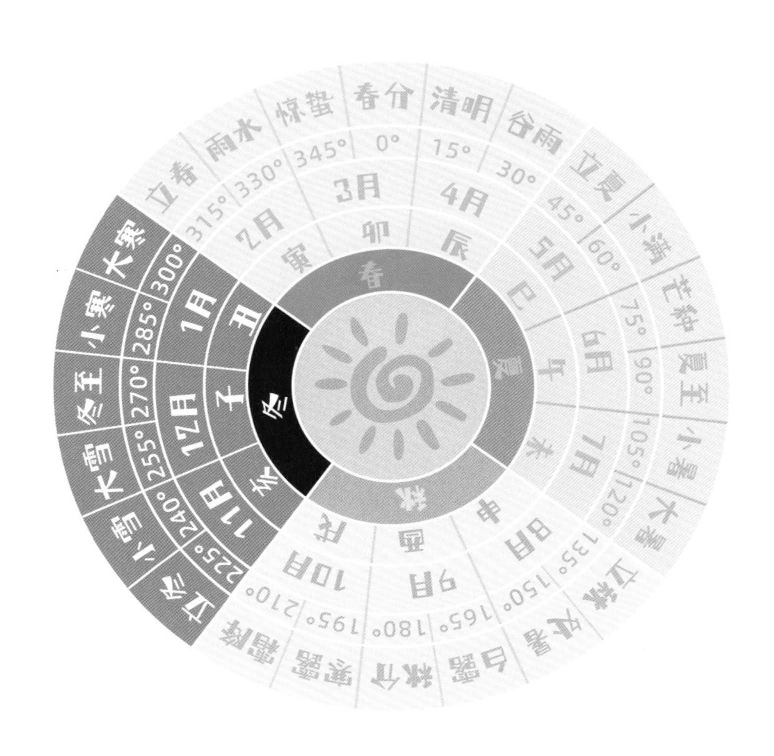

二十四节气与斗转星移

在中国古代，把大熊星座中的七颗亮星看作一个勺子的形状，这就是我们常说的北斗七星。

二十四节气原是依据北斗七星斗柄旋转指向（斗转星移）制定，北斗七星一年四季都在天上，不同季节“勺把”的指向有变化，恰好是一季指一个方向，即“斗柄东指，天下皆春；斗柄南指，天下皆夏；斗柄西指，天下皆秋；斗柄北指，天下皆冬”。远古时代没有日历，人们就用这种办法估测四季。

现在人们确立二十四节气依据“太阳周年视运动”（太阳黄经度数）；两种确立方法虽然不同，但是由于造成斗转星移的原因是地球绕太阳公转，因此两者交节时间基本一致。

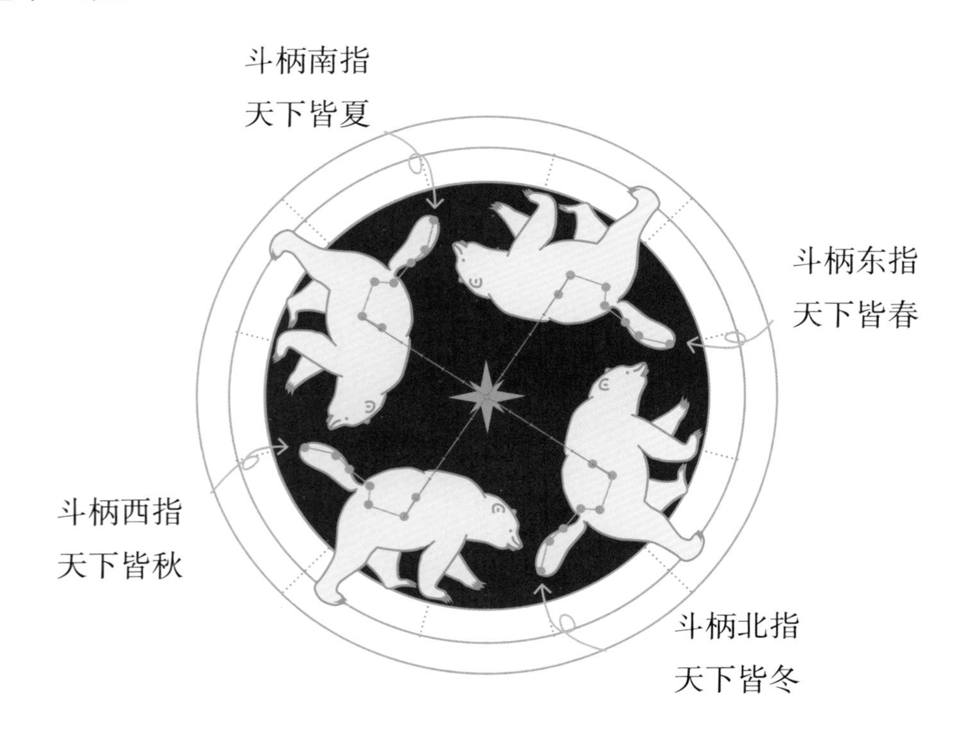
斗柄南指
天下皆夏
斗柄东指
天下皆春
斗柄西指
天下皆秋
斗柄北指
天下皆冬

二十四节气歌

一

春雨惊春清谷天，夏满芒夏暑相连。
秋处露秋寒霜降，冬雪雪冬小大寒。
每月两节不变更，最多相差一两天。
上半年来六廿一，下半年是八廿三。

二

立春梅花分外艳，雨水红杏花开鲜；
惊蛰芦林闻雷报，春分蝴蝶舞花间。
清明风筝放断线，谷雨嫩茶翡翠连；
立夏桑果像樱桃，小满养蚕又种田。
芒种育秧放庭前，夏至稻花如白练；
小暑风催早豆熟，大暑池畔赏红莲。
立秋知了催人眠，处暑葵花笑开颜；
白露燕归又来雁，秋分丹桂香满园。
寒露菜苗田间绿，霜降芦花飘满天；
立冬报喜献三瑞，小雪鹅毛片片飞。
大雪寒梅迎风妍，冬至瑞雪兆丰年；
小寒游子思乡归，大寒岁底庆团圆。

图书在版编目（CIP）数据

思维导图说气象·二十四节气 / 王建忠，牛延秋文；杨芳，王皓图. — 郑州：海燕出版社，2022.12（2024.2重印）
ISBN 978-7-5350-9050-8

Ⅰ.①思… Ⅱ.①王… ②牛… ③杨… ④王… Ⅲ.①二十四节气-少儿读物 Ⅳ.①P4-49

中国版本图书馆CIP数据核字（2022）第238469号

思维导图说气象·二十四节气
SIWEI DAOTU SHUO QIXIANG ERSHISI JIEQI

出 版 人：李 勇　　责任校对：李培勇
策划编辑：王茂森　　责任印制：邢宏洲
责任编辑：王茂森　　责任发行：贾伍民

出版发行：海燕出版社
地址：河南自贸试验区郑州片区（郑东）祥盛街 27 号
网址：www.haiyan.com　邮编：450016
发行部：0371-65734522　总编室：0371-63932972
经　销：全国新华书店
印　刷：河南博雅彩印有限公司
开　本：890毫米×1240毫米　1/20
印　张：8
字　数：160 千字
版　次：2022 年 12 月第 1 版
印　次：2024 年 2 月第 2 次印刷
定　价：36.00 元